著 > [马来西亚]**文煌/周文杰**

绘 > [马来西亚]**氧气工作室**

X探险特工队 科学漫画书

绝命追捕

人工智能

海峡出版发行集团
THE STRAITS PUBLISHING & DISTRIBUTING GROUP | 福建科学技术出版社
FUJIAN SCIENCE & TECHNOLOGY PUBLISHING HOUSE

序

　　世界之大，无奇不有。我们生存的地球依然有许多未解之谜，更何况是神秘莫测、犹如大迷宫的宇宙呢？虽然现今日新月异的科学技术已发展到很高的程度，人类不断运用科学技术解开了许许多多谜团，但是还有很多谜团难以得到圆满解答，比如宇宙，以现今的技术只能窥探出其中的一小部分。

　　从古至今，科学家们不断奋斗，解开了各种奥秘，同时也发现了更多新的问题，又开启了新的挑战。正如达尔文所说："我们认识越多自然界的固有规律，奇妙的自然界对我们而言就越显得不可思议。"人类的探索永无止境，这也推动着科学的发展。

　　"X探险特工队科学漫画书"系列在各个漫画章节中穿插了丰富的科普知识，并以浅显易懂的文字和图片为小读者解说。精彩的对决就此展开，人类能否战胜外星生物呢？

人物介绍

X-VENTURE TERRAN DEFENDERS

小宇

好奇心重的英雄主义者，性格冲动，但具有百折不挠的精神。

石头

诚实可靠，且非常擅长维修机器，食量大，对昆虫着迷。

小天

小宇的哥哥，由于长时间待在宇宙，所以身体成长速度比小宇慢，拥有在脑子里快速模拟战略的能力。

艾美丽

聪明、爱美的电脑高手，平时很严厉，私下却很关心同伴。

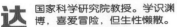

达文西博士

国家科学研究院教授。学识渊博，喜爱冒险，但生性懒散。

戴安娜

研究室基地行政人员，教授的得力助手，是一位成熟、美丽、大方的女人。

克林特

自由战鹰队的队长。任务至上主义者，被派来寻找小天，并以之作为和幽暗术士谈判的筹码。爱吃汉堡包。

丑客

四魔战士之一，实力不强但会使用许多卑鄙的手段玩弄敌人，因改造的副作用而装上了机械下巴。

目录

*本故事纯属虚构

第 1 章
大胃王牛仔登场！

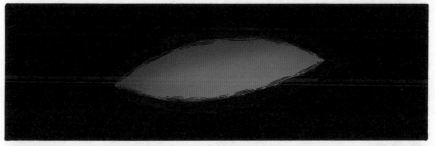

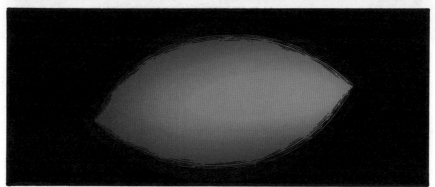

欢迎你，星际浪者。

听说你一直在调查我？

有什么结果吗？

当然，

我还查到了你的星球已经被侵略了。

......

所以你就转移阵地来侵略地球了！

嗖!

嗖!

绝对不是为了侵略地球……

嗖!

！

咳……
咳……

我对地球一点儿兴趣也没有。

我只是想借地球一用……

作为……战场。

美国
内华达州

如果确定阿空真的在宇宙的话……

我有一个朋友在美国51区工作，她可以帮我们。

就是那座被怀疑是用来研究外星人的基地？

没错，她在那里研究各式各样的宇宙飞船已经很多年了。

其实使用时光机就可以轻松到达。

呃……因为之前有人利用时光机来做坏事，引发了恐龙入侵事件，

所以世界各地的政府已经禁止使用时光机了。

时光机被毁掉之后，我也对外宣称没有留下任何资料。

以免它的资料再次落入坏人手中，又被重新制造出来。

其实就算我们能去宇宙，胜算也很低。

除非异星调查局也加入战斗，胜算才能达到50%。

嘭！

他干吗一直看着我们？

嚼嚼

老板，给我
50份热狗！

嚼

嚼

石头，
加油！

连博士
也跟着
起哄？

你们在
干吗？

别吵，大胃
王比赛正在
进行中！

别那么
幼稚啦！

啪！

你撞到我了，小鬼！

是你自己撞我的吧？

我不管！赔钱！

你分明是想敲诈！

你说什么？

不教训你一顿不行！

艾美丽！

啪！

走开！

哇！

兄弟！

居然敢推倒我……

谢谢你。

不客气，我最讨厌这种流氓了。

话说回来，这场大胃王比赛真精彩。

你也很厉害，一口气吃了那么多汉堡。

你这身打扮是牛仔吗？

没错！正是象征着勇敢精神的牛仔服。

你别看这条牛仔裤看起来很破旧，那是我们故意把它磨旧的。

这并不是一种时尚……

而是一种勇敢坚强的牛仔精神的体现。

就像X探险特工队一样。

013

可恶的牛仔！

啪嚓！

想偷袭吗？吃我一记盘子！

臭小子，你活得不耐烦了？

这些小鬼和恶心的牛仔完蛋了!

侮辱牛仔的人不可原谅!

唰!

啪! 嚓!

咚!

小宇飞腿！

旋转飞棍！

臭牛仔！

牛仔上勾拳！

人工智能
什么是人工智能？

人工智能（Artificial Intelligence，简称"AI"）这一术语来自美国计算机科学家约翰·麦卡锡（John McCarthy），此领域的科学家们促进机器智能化，而智能化的表现是具有逻辑思考、学习、规划、推理、解决问题和应对新情况的能力。

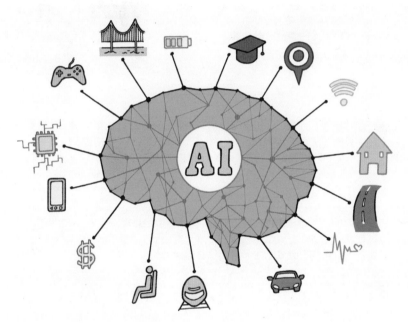

人工智能如何学习？

科学家为了让机器变得"聪明"，会输入大量的算法和数据，让机器自己归纳、分析和总结知识，这个过程需要添加有限的规则并进行反复实验。例如，科学家会给机器玩游戏。刚开始机器会一直输，而科学家只要设定"惩罚"和"奖励"机制，让机器进行调整，从错误的经验中学习，最终机器不会再输，并且能总结出不止一种取胜方法。

人工智能发展史

人工智能始于英国数学家、逻辑学家艾伦·麦席森·图灵在1950年提出的"图灵测试"。这个测试说明，如果机器可以骗过人类，让人类以为他们在与另一个人（而不是机器）交谈，就可以证明机器是具备智能的。不过，迄今为止没有一个机器成功通过图灵测试。

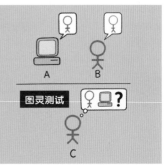

科学家把数据传入机器，让机器可以模拟人类的一些行为，但这些机器本身并不具备智能。例如1964年的心理治疗聊天机器人ELIZA（伊丽莎），这个机器只要接收到特定的关键词，就会给出已经事先输入的相关回复。

20世纪80年代，科学家颠覆传统，采用统计学思路来解决问题。2000年之后，遗传编程（GP）理论取得突破性发展，它没有教机器如何去完成任务，而只是告诉机器需要完成的任务，让机器自动去完成，以此实现真正意义上的人工智能。

当互联网诞生后，科技发展迅速，这让机器有了储存和分析大量数据的可能。因为准确度大幅提升，人工智能相关产品得以被实际运用在人们的生活中。

在未来，计算机的运算速度会更快，数据也会增多，更快捷的互联网出现，云端服务和软件不断完善，人工智能的前景一片辉煌，在金融、医疗、教育、交通、家具、家电、游戏和网络通信等领域具有无限潜力。

第2章
重机战士
是敌人？

这只大怪兽停止移动了。

冰川特警驾驶员
奥拉维尔

冰川特警

现在怎么办？

拉玛坚

只能等异星调查局下达命令了。

军方怎么还没开始行动？

听说他们内部正在闹矛盾，所以迟迟没有行动。

现在异星调查局里的人们也是焦头烂额。

据说他们调动了很多重机战队去执行一个任务。

好像是在寻找一个小孩。

想不到你这个小孩的身手还不错。

我也想不到牛仔的拳击居然那么强。

身为牛仔，枪法当然更厉害。

柯尔特M1873单动式转轮手枪！

有眼光！

砰！
砰！
砰！

厉害！

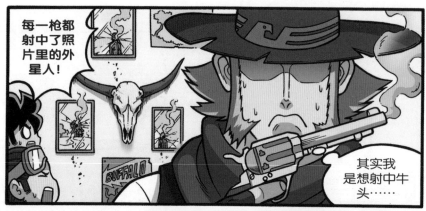

每一枪都射中了照片里的外星人！

其实我是想射中牛头……

嘿嘿，厉害吧？这可不是任何人都可以学会的技能。

这种射击天分也注定了我成为牛仔的命运。

但命运并不是谁都可以好好掌控的。

更何况……

是一个关系到地球命运的小孩。

我来这里的目的就是为了他。

虽然我不想使用武力……

但有时也是没办法的事。

双枪特务

啪嚓！

你想要干什么？

你们还是先顾好自己吧！

那些流氓的同伴早就已经死了。

取代他们的是幽暗术士的异星机甲。

人工智能的应用

迄今为止，人工智能具有识别、认知、分析和决策等多种功能，具备快速和准确的优点，除了可以提高劳动生产率，在放射学、行星探测、解决全球气候变化等领域都具有极佳的表现，对人类未来的科技和经济发展起到关键作用。

视觉识别

科学家设法让机器通过辨识和测量物体的外在特征来"看见"东西，如车牌、人脸等，提高道路和人身安全防范系统，催生无人驾驶汽车新科技。

例子：Face ID（苹果官方脸部认证方式）、Aptiv（安波福）

语音技术

机器对人类语言的理解能力有所提升，例子是语音助理和文字语音转换器，这种技术能为人类的生活带来便利。

例子：Siri（苹果智能语音助手）、Cortana（微软开发的人工智能助理）、Voice Search（谷歌语音搜索）、Amazon Alexa（亚马逊开发的智能个人语音助理）

打给达文西博士。

达文西博士
联系中……

自然语言处理

翻译机器能为出国的旅客提供便利，促进不同语言人士之间的进一步交流，并能帮助读者看懂外国文学作品等。另外，有人工智能在常识问答比赛中战胜人类的例子，它能听懂提问并给予回复。

例子：Google Translate（谷歌翻译）、SayHi（国际版手机社交软件）、IBM Watson（苹果和IBM合作推出的云健康医疗项目）

数据处理

人工智能根据分析、统计和查询到的数据，提出适当的反馈。例如，通过互联网用户的浏览情况分析其喜好，给予相关的广告推荐。另外，由于人工智能可以分析商业表现和顾客满意度，提供风险评估报告，因此其对商家做出决策相当有用。

例子：Netflix（流媒体播放平台）、Instagram（Facebook公司旗下的社交应用）

协助残疾人

人工智能可以对残疾人的日常生活、人际交往和工作提供帮助，打造没有"障碍"的世界，相关产品包括智能义肢和智能导盲犬等对残疾人来说是一大福音。

例子：Google Lookout（帮助残疾人识别物体的软件）、Ava（适合残疾人的视频会议软件）、VoiceIt（语音与面部识别平台）

创造力

科学家为了打破人工智能缺乏创造力、艺术细胞和情感的传统观念，陆续开发出可以画画、作曲、弹钢琴和写文章，还可以表达喜怒哀乐的人工智能。

例子：Ai-Da（机器人艺术家）、美联社Automated Insights开发的Wordsmith（自动化写稿程序）

第3章
艾玛局长，
你打算怎么做？

就知道你们会从后门走。

小丑，你先带小天离开这里，拜托了！

呃？好的。

我们分开逃吧！我先去51区找我的朋友！

"巨石号"!

咔嚓!

上车!

烟雾弹！

别走！

轰！

嗖！

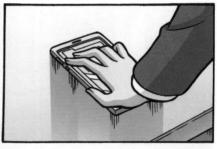

据说一些官员收到了消息，说是巨兽里有丰富的外星资源。

怎么样了？

这可不妙。

已经第二天了，世界联军的家伙还没达成合作协议。

那些官员现在有什么打算？

我估计他们已经不打算合作消灭巨兽了！

043

看来你们已经开始行动了。

我对地球人还是很了解的。

当你们知道巨兽有利可图时，还会继续团结对外吗？

人类语言说得不错，那你想要什么？

很简单。

我要星际浪者的儿子，得手后保证你们平安无事。

我的巨兽目前正在沉睡着，如果它醒过来……

可怕的将不是它的破坏力，

而是地球人对未知外星生命的恐惧。

是吗？你看世界陷入恐慌了吗？

地球的信息都掌握在我们手里。

别小看地球人，还有我们封锁消息的能力。

先别说得那么绝对。

一旦遇到真正的危机，一切都会土崩瓦解，这才是考验你们人性的时候。

平时满口仁义的地球人，在知道自己接下来的命运后……

嗖！

说不定就会亲手把星际浪者的儿子交到我手里。

嘭！

总算摆脱了。

绝不能让他们带走哥哥，总觉得他们会把哥哥交给幽暗术士。

博士说，他先去51区，我们之后再会合。

也对，现在聚在一起会非常危险。

对了，我的哥哥呢？

我叫小丑先把他带走了。

什么!!

别突然大吼大叫，害我差点撞到人了！

怎么可以让他带走啊？

这里应该安全了。

查尔斯顿峰

为什么那么多人想捉你?你到底有什么能耐?

大概是我的存在关系到地球的存亡吧!

048

既然如此，那个大姐为什么还要把你交给我？

因为她相信你啊！

相信我？也许我会出卖你们也说不定。

不会，我看得出来……

你是一个好人。

？

要玩游戏机吗？

嗡嗡……

这个叫"幽暗术士"的组织，到底藏了多少爪牙在地球?

来多少我都会击败它!我是想成为机器人王者的男人!

影武者驾驶员
望月忍

九尾丸驾驶员
朝比奈泉

面对挑战，无所畏惧!

冷静一点!

天照大神驾驶员
服部彩子

你们两个可以放松一点吗？别动不动就喊热血的对白。

光喊口号有用吗？你们等着任务失败吧！

皇家战骑驾驶员
吉斯

白夫人驾驶员
阿曼达

吉斯，斯文一点，皇家骑士队可是绅士的代表！

这些外星人已经在地球上肆意妄为，我们却在这里找一个小孩。

异星调查局是怎么搞的？

双枪特务驾驶员
詹姆斯

打算跟那些外星人妥协吗？

这些我们不必知道。

我们只需要完成任务就够了。

无论发生什么情况都不会丢下任务，这就是重机战士的使命。

你之前不是因为贪吃汉堡，而耽误了去澳大利亚执行任务吗？

人工智能水平等级

人工智能的水平可以被分为三个等级，分别是弱人工智能、强人工智能和超人工智能。

弱人工智能

只能解决特定领域的问题，也被称为"限制领域人工智能（Narrow AI）"和"应用型人工智能（Applied AI）"，是现阶段所有人工智能所能达到的水平。

强人工智能

在智能、思想和行动各方面皆表现得如同人类，可以胜任人类所有的工作事项，包括处理突发事件、具备规划和学习的能力、可以使用自然语言和人类沟通等。

超人工智能

比世界上所有人类的智能更超前，无敌聪明和无所不能，这是科学家们渴望能实现的终极目标。

人工智能迷思

受到科幻作品的影响，有的人担心某天机器会产生自主意识，进而危害人类的性命。要记住，人工智能只是一种工具，没有人类操控，它就毫无价值，因此我们要确保人工智能永远处于人类的控制之下。

人工智能的隐患

关乎数据

人工智能需要大量的数据和资料来操作，如果数据没有被及时更新，或者数据出错和被破坏，将会影响其效能。

安全性

人工智能可能会被黑客用来制造智能化的电脑病毒和恶意软件，给个人和企业带来不良影响。另外，人工智能的特点是收集用户数据，因此存在隐私被泄露的风险。

出现偏见

数据如果含有偏见，将导致人工智能统计出含有偏见、歧视和缺乏公正性的结果，从而破坏社会原有的秩序。

员工失业

人工智能在未来可以取代重复性高、能够独立完成和逻辑简单的工作，可能会造成一批员工失业。

人工智能的弱点

▶学习需要花费大量的时间和数据，且需要人工监督。

▶无法取代人的心灵、情感、情绪和直觉。

▶无法理解抽象的物体和问题背后的原因。

▶缺乏对人类语言的理解能力。

▶不懂得融会贯通，例如学会了下围棋却不会下象棋。

第4章
接下来的对手
是怪兽！

为什么把这位老奶奶带上车？

她的脚受伤了，总不能丢下她不管吧！

我们现在没空！

别那么无情啦！

抱歉……

可以给我一杯咖啡吗？

别开玩笑了，老奶奶！我们这里没有咖啡！

茶也可以！

我们什么都没有，你马上给我下车！

吵死了！

小宇，你最近怪怪的。

自从你哥哥回来后，你就变得自私自利了！

这完全不像你的作风！

小宇，我明白你的心情……

记得你第一次遇到你哥哥时，你甚至连他是谁都不知道。

但你也毫不计较地一直帮助他。

我希望你不要忘了你一直以来的原则。

嘭！

嘭！

嘭！

嘭！

057

嘭!

咆嚓!

又是异星调查局派来的吗?

这次是怪兽!

嗖!

嗖!

先对付这些怪兽再说！

这还用说吗？

天火……

破星拳！

幽暗术士这个外星人组织越来越猖狂了。

看来它们是地球目前最大的威胁了。

但是我们接到的紧急任务却是寻找一个小孩。

连我的队长克林特都已经出动……

这些我知道。

你也是被派来捉我哥哥的吧？那就动手吧！

本来是的……

但我一直觉得这个任务很奇怪……

我会调查清楚，你们自己小心一点！

嗖!

肉眼看不见的纳米

纳米是一种长度单位。纳米非常小，是一米的十亿分之一（10^{-9}m）。

▶红细胞的直径为6—8微米，大部分细菌的直径为0.5—5微米，大多数病毒的直径为20—400纳米。

什么是纳米材料？

纳米材料中的"纳米"主要指的是材料的尺寸。在三维尺寸（长、宽、高）当中，如果有一维的尺寸达到了纳米级（1—100纳米），或者这种材料是由纳米作为基本结构单元构成的材料，我们就可以称之为"纳米材料"了。

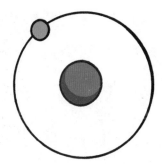

▶氢原子（直径为0.1纳米）

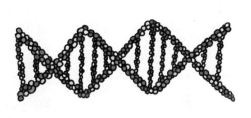

▶双链DNA（直径为2纳米）

纳米材料的类型
颗粒型材料
固体材料
膜材料
磁性液体材料
碳纳米管

纳米材料的特殊性质
力学性质
热学性质
光学性质
电学性质
磁学性质

纳米科技

1965年，诺贝尔物理学奖得主、美国物理学家理查德·菲利普斯·费曼提出了一个非常重要的观点：如果我们按自己的愿望一个一个排列原子，那么会出现什么样的情况呢？这可以说是纳米科技诞生的重要源头。

抗菌布料

由于棉麻丝毛的纺织品都有天然的微孔，利用纳米技术将一些纳米活体矿石植入微孔里，可以抑制细菌生长，且能够保持长效性。

靶向药物

靶向药物是生物医药领域非常重要的科研方向。目前靶向药物主要用于治疗癌症和肿瘤。当靶向药物抵达体内时，它能识别疾病的准确部位，然后在病变部位附近定向施药，减少患者受到的副作用。另外一个好处是，一次服药，药物释放周期可以达到一周或更久。

柔性屏幕

手机的屏幕可以弯曲，这是因为其使用了纳米材料（如纳米银等）。除了手机屏幕，这种技术将来还可以应用在电脑、平板电脑、电视等的屏幕上。

第5章
不准伤害我的朋友，包括小丑！

现在怎么办?

不如我们就照那个外星人的话做吧!

你说的是人话吗?

不然我们还能怎么样?

这些外星人太嚣张了!

艾玛局长，你可别想着逮捕他们!

叮零……

我们的实力相差太远了!

别把地球拖下水！

你已经知道我哥哥的事了？

没错，你爸爸已经通知我了。

我会替你们安排人保护他。

是吗？听自由战鹰队的口气，比较像是把我的哥哥当成了物品。

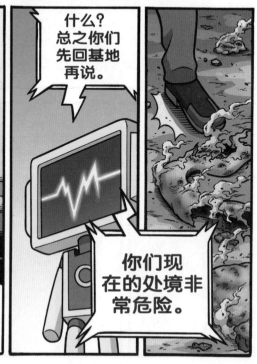

什么？总之你们先回基地再说。

你们现在的处境非常危险。

我的哥哥我自己会保护，我现在信不过你们。

这件事关系到地球的安危！

别把地球的命运赌在你们的孩子气上。

这也关系到我家人的安危。

绝对不是孩子气！

嘟！

总之绝对不能开战！

没错！这无疑是自寻死路！

重甲熊猫

武将星

只是找一个小孩而已，需要出动那么多重机战士吗？

重甲熊猫驾驶员
吕小隆

武将星驾驶员
关羿

不必想这么多，我们五星战队的宗旨就是遵从师父和师兄的命令！

降龙铁僧

！

嘭！

把那个小孩交出来。

降龙铁僧驾驶员
胡一龙

休……休想。

为什么你那么拼命地保护他，这根本不关你的事。

我……我……

也不关你的事！

嗖！

啪嚓！

嗖！！

永不再见！

别走！

当！

少挡路！

小天被
捉走了。

不过，
他们应该走
不远。

小宇，
要追吗？

嗖!

"小老鼠"出动了，把他拿下！

是，大师兄！

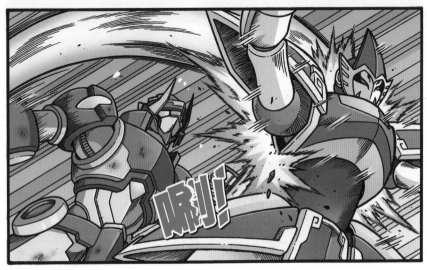

熊猫统!

砰!

砰!

这种攻击可以打倒我吗?

那是为了给我制造攻击机会!

呸!

没那么容易!

轰!

哇啊!

你醒啦？

呃？

小天呢？

被重机战士带走了，小宇看到你被他们打伤，很生气……

所以就追上去了。

不……

我……觉得……不是他们。

未来的全新科技应用
金属——液态金属

传统金属，如铁、钢、铬等，都是会在高温下熔化的金属，熔点达1000摄氏度以上。汞，亦称为"水银"，室温下呈液态，常用于血压计、温度计等。由于容易蒸发，并且具有毒性，万一吸入体内，会对神经造成毒害，因此使用水银制造的血压计和温度计等都逐渐被淘汰了。

清华大学医学院生物医学工程系教授刘静率领的中科院理化技术研究所和清华大学医学院组成的联合研究团队，对于全新的金属——液态金属的研究具有重大的贡献。液态金属表面张力大、沸点高、导电性强且热导率高。

未来液态金属可以做些什么？

在芯片技术飞速发展的时代，未来液态金属在散热技术中是重要的材料之一。在医学领域里，液态金属可以用于神经连接与修复技术、肿瘤治疗、血管造影等。

▶液态金属3D电子笔。

▶液态金属打印机，可以打印电路图。

▶在画作上加上液态金属、电池与一些小灯泡，画作就能亮起来了。

液态金属的神奇特性

液态金属是一种能够集合多种材料特性于一身的金属。当液态金属跟其他物质结合后，通过施加电、热、磁等外界条件，液态金属能够表现出许多神奇的特性。

在酸性条件下，液态金属能够将纳米铁颗粒"吃入"体内，形成磁性液态金属。此时，液态金属在强磁铁的作用下，可以变形和运动。

在对液态金属硅胶复合材料的研究中，科学家发现通过高温的刺激可以使其变形。这个实验证明了热驱动液态金属可以大尺度自由变形和恢复。

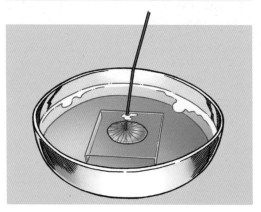

当液态金属接通电源后，立刻铺展开，并产生了颜色的变化。这是因为液态金属被氧化后，各个位置的氧化膜厚度不同，所以形成了像彩虹般的颜色。这个特性可以用于模拟仿生的生物，制作一些柔性的仿生机器人。

第6章
小天夺回战，
势在必行！

……

小宇，这里交给我，你去追小天！

好！

前面的熊猫，给我停下！

嗖！

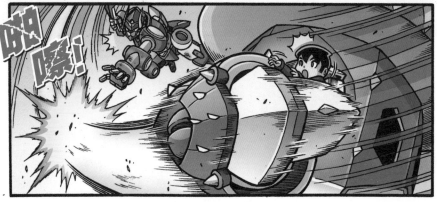

又冒出来一个！

战舞仙人掌

这小鬼我们荒漠镖客队接走了！

把这小鬼亲手带回去，肯定可以连升几级！

战舞仙人掌驾驶员
迪亚哥

唰！

！

从未见过这么厚脸皮的仙人掌！

！

是哈莉大姐！

小胖弟弟，我们又见面了！

现在不是叙旧的时候！

你们挡一下，我先带这个小孩离开！

你想趁大家苦战时，把那个小孩带走领功吗？

想都别想！

嘭刷！

！

这个小孩由我来保管！

嗖！！

臭小子，你别走！

休想逃跑！

又回到我的手里了!

啪嗤!

!

把我哥哥还来!

当!

好强!

小隆,把那个小孩带走!

让我来教训一下这个小子!

104

一龙先生，这个任务有问题，艾玛局长不可能会这么做！

这个任务确实是局里发布的，不用质疑！

X探险特工队私藏危险的外星小孩！

还把我的师弟打伤，是重机战队的叛徒！

待我把他们捉回来！

嗖！

！

啪嚓！

？

怎么回事？

抱歉啦！大师兄，我不干了！

材料科学

材料科学是一个跨领域学科，涉及的理论包括固体物理学、材料化学、应用物理和化学、化学工程、机械工程、土木工程与电机工程等学科的理论，若其与生物学结合就会衍生出生物材料。

材料的分类

金属材料

金属材料包括金属和合金，常见的金属有铜、铁、铝、金、银等。金属具有延展性、导电性、导热性、不透明等特性。

不锈钢（一种由铁和铬制成的合金）制成的锅、餐具等，具有抗氧化性和耐腐蚀性。▼

无机非金属材料

陶瓷是经过成型、煅烧制成的一种无机非金属材料。玻璃的主要成分是二氧化硅，玻璃经过熔融再迅速冷却成型，具有透明、脆性、不透气等特性。

◀ 人们可以通过吹制玻璃将其制成各种玻璃器皿。

高分子材料

高分子材料是由相对分子质量较高的化合物构成的，它可以分为天然高分子材料，如棉、麻、天然橡胶等，以及合成高分子材料，如合成橡胶、合成纤维、塑料等。

塑料的发明给我们带来便利，但也造成环境污染，所以我们应该重复使用塑料制品，而不能随意丢弃。▶

复合材料

复合材料是由金属材料、无机非金属材料、高分子材料等两种或两种以上的材料以特殊方式制成的。复合材料可以弥补原材料的不足，以制成具备多种特性的产品，可以运用在各行各业中。

用玻璃钢（一种复合材料）制成的管道具有轻便、耐腐蚀、抗老化等好处。▼

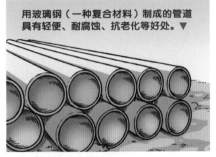

材料的发展史

材料是人类文明的基石，人类的历史就是从人类使用材料开始的，学者们会根据当时具有代表性的材料，将人类的历史划分为石器时代、青铜时代、铁器时代等。

石器时代

石器就是用石头制成的工具，而石器也是人类最早使用的生产工具。人类使用石器的历史，最早可以追溯到距今约250万年前。石器时代可以分为旧石器时代、中石器时代和新石器时代。

▲ 旧石器时代的工具相当简陋，是人们直接开采后用手握着使用的。

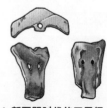

▲ 新石器时代的工具经过研磨后，可以装上木柄使用。

青铜时代

到了约公元前3000年，各地才开始陆续进入青铜时代。青铜是铜加入锡或铅的合金，由于青铜氧化后的颜色呈青灰色而得名。青铜冶炼技术是人类最早掌握的合金冶炼技术，青铜的发明使人类文化发展进入了一个新阶段。

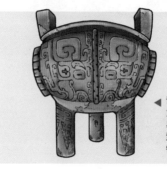

◀ 青铜熔点低，约为800摄氏度，容易熔化和铸造成型，而且硬度比铜或锡高。

铁器时代

大约公元前1000年，人类才开始懂得利用铁来制造工具，因为铁的熔点达到1538摄氏度，以当时的技术要提炼出来十分困难，所以古人是从陨石中提炼铁，而不是从铁矿中获取铁。

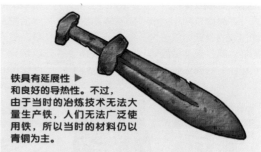

铁具有延展性 ▶ 和良好的导热性。不过，由于当时的冶炼技术无法大量生产铁，人们无法广泛使用铁，所以当时的材料仍以青铜为主。

随着新的冶炼技术不断出现，人们又发现了钢、铝、橡胶等材料，再用这些原材料研制出新的人造材料。

第7章
拟态机器人？

请问有人在吗？这里有人受伤了，想请你……

咔嚓！

异星调查局的人居然连一间拟态小屋都看不出来。

地球人的末日不远了。

啪!

你……你是机器人还是怪兽?

111

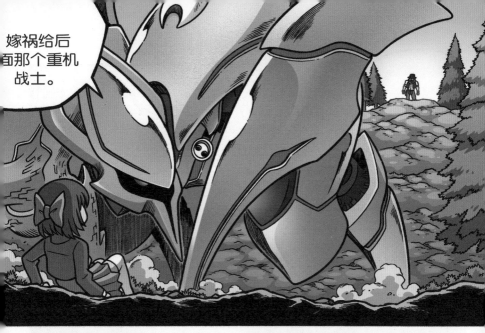

嫁祸给后面那个重机战士。

你就是那些异星机甲的主人吧?

异星调查局本来还打算跟你们好好谈判,你居然挑拨离间。

谈判?

你们根本就是想把小天交给幽暗术士!既然你们蛇鼠一窝,刚才干吗打起来?

因为任务的指令是找到那个小孩,落入他人手里就算失败。

113

不过，现在我还想做些其他的……

你们……

在这之前，谁接触过幽暗术士？

不然为什么部分重机战队在执行一个叫"搜寻外星小孩"的任务？

我可不记得有发布过这个任务。

幽暗术士确实有找过我……

我知道以你的性格绝不会向它们妥协……

所以你们就假冒我的名义叫重机战队去捉那个小孩，然后交给它们？

115

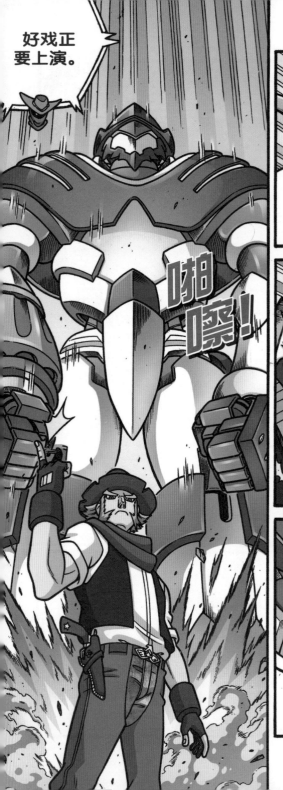

太空牛仔
出动!

嗖!

嗖!

啪嚓!   啪嚓!

咔嚓!

在那里!

咔嚓!

那架灰色的机器人难道就是偷袭小丑的元凶?

嗖!

嗖!

咻!

咻!

！

又是这种东西!

咔嚓!

把它们全灭了!

五星战队和毛利舞者队?

你们怎么和X探险特工队在一起?

嗖!

我先走了,有本事就跟那些队长一起追上来吧!

克林特！

咦？

你们怎么也来了？

嗖！

少啰唆，又想独占功劳吗？

刚才突然接到任务变更，现在的任务已改为活捉你前面的那架异星机甲了！

什么？我没留意到！

其他小喽啰已经交给我们的队员了！

这只大家伙就由我们队长来吧！

这就对了，比起找那个小孩……

我们更想和这个罪魁祸首一较高下！

123

什么是合金？

合金是由两种或两种以上的金属或金属和非金属组成的具有金属特性的物质。合金的特性比纯金属更好，例如青铜的熔点低、耐磨且强度高，因此适合用来制作齿轮、发动机、雕像等。

形状记忆合金

形状记忆合金是一种拥有原有形状记忆的合金材料。当合金在低温下变形后，可以通过加热升温恢复原始的形状。而超弹性合金则是一种不管被拉伸或弯曲，在力量消失后都会恢复原始形状的合金。

记忆合金体系

金镉合金、银镉合金、铜锌合金、铟钛合金、镍钛合金、铜锌铝合金、铁铂合金等。

记忆合金的分类

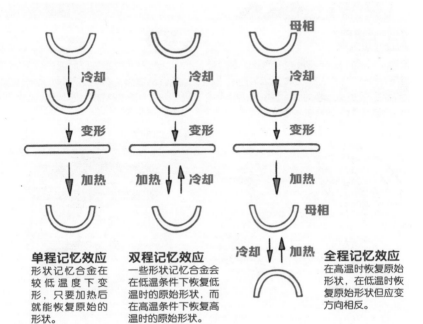

单程记忆效应
形状记忆合金在较低温度下变形，只要加热后就能恢复原始的形状。

双程记忆效应
一些形状记忆合金会在低温条件下恢复低温时的原始形状，而在高温条件下恢复高温时的原始形状。

全程记忆效应
在高温时恢复原始形状，在低温时恢复原始形状但应变方向相反。

形状记忆合金的功能

医疗用途

镍钛合金可以制成支架，放入血管后，在感受到人体温度时会恢复原始形状，支撑着狭窄的血管。此外，用于制造人造心脏、牙齿矫正丝、人工关节等的合金技术已进入临床试用阶段。

日常生活

勺子、消防器材的阀门、眼镜框等都能使用形状记忆合金来制造。经过碰撞而变形的眼镜框，在加热后能恢复原始形状，不会影响使用。

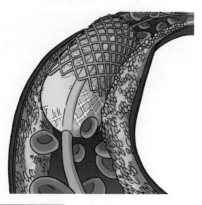

航空航天

用形状记忆合金来制造的宇宙天线，经过低温压缩成一个小铁球，方便送去其他星球。当遇到强烈的太阳辐射时，温度升高使天线恢复原始形状，天线就能正常运行了。

工业

形状记忆合金管接头在低温状态下扩大，当接管从管接头两侧插入时，管接头接触到室温，就会恢复原始的状态，因此接管就能紧密结合。

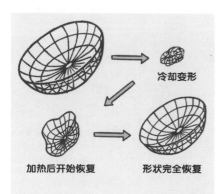

冷却变形

加热后开始恢复　　　　形状完全恢复

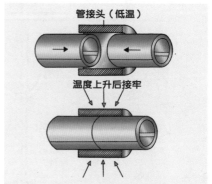

管接头（低温）

温度上升后接牢

第8章
重机队长……
全灭！

哈莉大姐，谢谢你相信我们！

小胖弟弟的话怎么能不信！

干得好！哈莉，事后请你喝一杯！

那就一言为定了！

哈琪、哈娜，你们留下来保护小胖弟弟！

什么？这不公平！

接下来的任务就交给我们队长吧！

让我一枪把它击落！

有时真不明白你这个人。

明明平时的枪法超烂的！

但只要一坐上机器人……

拉斯维加斯

嘭!

糟了，不知不觉追到城市了！

现在说什么已经太迟了，下去捉它吧！

喂，把我哥哥还来！

危险······

什么？

危险率99%！

啪嚓！

你说有危险?

没错,那些队长去的方向……

难道有敌人埋伏在那里?

他是怎么知道的?

我的哥哥很擅长计算概率,而且每次计算都很准确!

你们怎么样了?

艾美丽,你带我哥哥和石头他们先离开。

到底是什么危险?

好的。

你想去救队长他们吗?他们刚才还想捉你。

石头说得没错,我不能忘了自己的原则!

可恶，驾驶舱被封住了！

嗖！！

克林特队长！

哈莉，别过来！

嗖！

所谓的
谈判……

必须在双方实力相当的情况下才能进行。

当双方实力相差太多时，就是命令和服从。

在全宇宙，无论什么生物都是弱者服从强者。

咻！

136

那就由
我来帮你们
决定吧！

137

希望你们
接下来能更
清楚该做出什
么决定!

至于星际浪者
的儿子……

机器人

机器人是一种自动执行工作的机器装置，既可以接受人类的指挥，又可以运行预先编排好的程序，也可以根据以人工智能技术制定的原则纲领来行动。随着科技日新月异，各种类型的机器人被发明出来，并在各行各业中协助或取代了人类工作。

机器人三定律

该定律出自美国著名的科幻小说家艾萨克·阿西莫夫，他在1942年出版的短篇小说《Runaround》中首次提出该定律，这三条定律为机器人设定了行为准则，以保证机器人会友善待人。

定律一

机器人不得伤害人类，或因不作为而使人类受到伤害。

定律二

除非违背第一定律，否则机器人必须服从人类的命令。

定律三

除非违背第一和第二定律，否则机器人必须保护自己。

以上定律虽出自小说，但在现实中已成为"机械伦理学"的基础，不过阿西莫夫和其他作者都在不断地丰富和完善该定律。

机器人的种类

工业机器人

机械手臂是一种工业机器人，能够被安装在工厂生产线上，主要用于搬运、焊接、装配、喷涂、加工等，既能提高产品的质量和产量，又可以减轻劳动量，是在工业领域运用得最广泛的机器人。

个人服务机器人

这类机器人通常在个人或家庭领域使用，负责家庭事务、益智娱乐、居家安保、监控等。

◀ Pepper（软银集团和奥尔德巴伦机器人研究公司研制的人形机器人）具有解读情绪的能力，能像家人与朋友一样和人类进行互动。

◀ Zenbo（华硕首款智能家庭助理机器人）具备多种功能，但更重视教育和生活帮手等功能。

专用服务机器人

这类机器人主要用于国防、农业、医疗等专业用途上。

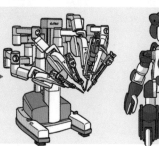

达芬奇手术机器人是一款外科手术辅助机器人，能够协助医生进行精细复杂的手术。 ▶

◀ EMIEW 3（日立公司研制的人形机器人）行动敏捷，具备多种语言能力，能与人互动，可以在机场、医院、车站等场所执行引导工作。

仿生机器人

这类机器人是模仿生物的外形来制造，并以生物特点来提供服务的机器人。

◀ AIBO（索尼新力公司推出的电子机器宠物）是一款机器狗，能够做出各种真狗的动作，并与人们互动玩乐。

◀ DER 01（Kokoro公司研发的机器人）是一款人形机器人，它是模仿人类外观和行为来设计的，拥有和人类相似的肌体。

除了以上几种机器人外，还有军用机器人，其可以用于侦察、战斗、探测等，能代替人类完成危险的任务。

习题

习题

01

人工智能的水平可以分为几个等级？（　　）
A. 一　　　　B. 二　　　C. 三

02

以下关于人工智能的弱点，哪一项是错误的？（　　）
A. 缺乏对人类语言的理解能力
B. 无法理解抽象的物体和问题背后的原因
C. 学习无须花费大量的时间和数据，且不需要人工监督

03

纳米是一个（　　）单位。
A. 长度　　　　B. 体积　　　　C. 时间

04

水银常用于制作哪一种物品？（　　）
A. 计算机　　　　B. 温度计　　　　C. 注射器

05

以下哪一项是液态金属的特性？（　　）
A. 沸点高
B. 导电性弱
C. 表面张力小

06

人工智能可以应用在哪些方面？（　　）
Ⅰ 视觉识别
Ⅱ 语音技术
Ⅲ 数据处理
A. Ⅰ与Ⅱ　　　　B. Ⅱ与Ⅲ　　　　C. Ⅰ、Ⅱ与Ⅲ

07

以下哪一种不是高分子材料？（　　）

A. 橡胶　　B. 陶瓷　　C. 合成纤维

08

合金是由两种或两种以上的金属或金属和（　　）组成的。

A. 玻璃　　B. 塑料　　C. 非金属

09

学者们会根据当时具有代表性的材料，将人类的历史划分为
（　　）、青铜时代和铁器时代等。

A. 石器时代　　　B. 铅器时代　　　C. 钢器时代

10

古人是从什么东西里提炼出铁的？（　　）

A. 化石

B. 陨石

C. 铁矿

11

玻璃的主要成分是什么？（　　）

A. 二氧化硅

B. 一氧化铝

C. 一氧化碳

12

右图是什么类型的机器人？（　　）

A. 仿生机器人

B. 工业机器人

C. 专用服务机器人

答案

01. **C**   02. **C**   03. **A**   04. **B**

05. **A**   06. **C**   07. **B**   08. **C**

09. **A**   10. **B**   11. **A**   12. **A**

像我这么聪明，真难得！继续努力吧！

答对10至12题

答对7至9题

让我再读一次这本书！

答对4至6题

我不相信！我要重做一次！

我会继续努力的。

答对0至3题

著作权合同登记号：图字 13—2021—112 号

图书在版编目（CIP）数据

绝命追捕：人工智能 / （马来）文煌，（马来）周文杰著；氧气工作室绘 . — 福州：福建科学技术出版社，2023.1
（X探险特工队科学漫画书）
ISBN 978-7-5335-6771-2

Ⅰ . ①绝… Ⅱ . ①文… ②周… ③氧… Ⅲ . ①人工智能 –普及读物 Ⅳ . ① TP18-49

中国版本图书馆 CIP 数据核字 (2022) 第 237991 号

书　　名	绝命追捕：人工智能
	X探险特工队科学漫画书
著　　者	［马来西亚］文煌　　［马来西亚］周文杰
绘　　者	［马来西亚］氧气工作室
出版发行	福建科学技术出版社
社　　址	福州市东水路 76 号（邮编 350001）
网　　址	www.fjstp.com
经　　销	福建新华发行（集团）有限责任公司
印　　刷	福建新华联合印务集团有限公司
开　　本	889 毫米 ×1194 毫米　1 / 32
印　　张	5
图　　文	160 码
版　　次	2023 年 1 月第 1 版
印　　次	2023 年 1 月第 1 次印刷
书　　号	ISBN 978-7-5335-6771-2
定　　价	28.00 元

书中如有印装质量问题，可直接向本社调换